# FORSCHUNGSBERICHTE
# DES WIRTSCHAFTS- UND VERKEHRSMINISTERIUMS
# NORDRHEIN-WESTFALEN

Herausgegeben von Ministerialdirektor Dipl.-Ing. L. Brandt

Nr. 19

Techn.-Wissenschaftl. Büro für die Bastfaserindustrie, Bielefeld

## Die Auswirkung des Schlichtens von Leinengarnketten auf den Verarbeitungswirkungsgrad, sowie die Festigkeits- und Dehnungsverhältnisse der Garne und Gewebe

Als Manuskript gedruckt

SPRINGER FACHMEDIEN WIESBADEN GMBH

1952

ISBN 978-3-663-12831-1        ISBN 978-3-663-14464-9 (eBook)
DOI 10.1007/978-3-663-14464-9

Forschungsberichte des Wirtschafts- und Verkehrsministeriums Nordrhein-Westfalen

G l i e d e r u n g

Die Auswirkung des Schlichtens von Leinengarnketten auf
den Verarbeitungswirkungsgrad, sowie die Festigkeits-
und Dehnungsverhältnisse der Garne und Gewebe


Versuchsplanung . . . . . . . . . . . . . . . . . . Seite   5
Versuchsdurchführung . . . . . . . . . . . . . . . Seite   6
Versuchsauswertung . . . . . . . . . . . . . . . . Seite   8
       Teil  I : Verarbeitung . . . . . . . . . . Seite   8
       Teil II : Gewebeeigenschaften . . . . . . Seite  17
Zusammenfassung . . . . . . . . . . . . . . . . . . Seite  37

Forschungsberichte des Wirtschafts- und Verkehrsministeriums Nordrhein-Westfalen

## Die Auswirkung des Schlichtens von Leinengarnketten auf den Verarbeitungswirkungsgrad, sowie die Festigkeits- und Dehnungsverhältnisse der Garne und Gewebe.

Über die technische und wirtschaftliche Zweckmäßigkeit des Schlichtens von Leinengarnketten, vor allem aus rohen Garnen, gehen die Ansichten der Fachleute vielfach stark auseinander. Nachstehend beschriebene Untersuchungen sollten die **Auswirkung des Schlichtens** auf den Verarbeitungswirkungsgrad in der Weberei, die Gewebebeschaffenheit und die Zusammenhänge zwischen Geweben und Garnen hinsichtlich der Festigkeits- und Dehnungseigenschaften aufklären. Durch Verwendung von **rohen und abgekochten** Kettgarnen sollten vergleichsweise auch die Unterschiede festgestellt werden, die sich dabei in Bezug auf Verarbeitungs- und Wareneigenschaften ergeben.

### Versuchsplanung

Rohe und abgekochte Flachsgarne Nm 18 = $Ne_L$ 3o, zur Vermeidung von Eigenschaftsunterschieden insgesamt einer gleichen Spinnpartie entnommen, sollten teilweise ungeschlichtet, teilweise nach verschieden durchgeführter Schlichtbehandlung zu Kopfkissenleinen mit 2o Fd/cm in Kett-, 22 Fd/cm in Schußrichtung und 88 cm Rohwarenbreite, entsprechend 82 cm Fertigwarenbreite verarbeitet werden. Als Schußgarn sollte das gleiche Garnmaterial Verwendung finden. Die hohe Gewebedichte $\frac{A}{\sqrt{Nm}} = 4{,}7$ für Kett- und 5,2 für Schußrichtung wurde absichtlich gewählt, um anhand der Fadenbrüche auf dem Webstuhl Unterschiede zwischen den einzelnen Ketten besser hervortreten zu lassen.

Die Schlichtung der Ketten sollte in verschiedenen Betrieben erfolgen, um eine Unabhängigkeit des Ergebnisses von einem bestimmten Rezept zu erhalten. Wiederholungen erschienen erwünscht, um eine gewisse Kontrolle für die Zuverlässigkeit der Ergebnisse zu erhalten.

Eine genaue Beobachtung während des Verwebens sollte eine einwandfreie Feststellung der nach Zahl und Art unterschiedlichen Fadenbrüche, der durch sie verursachten Stillstände und daraus des Webstuhlwirkungsgrades ermöglichen.

Prüfungen des Garns vor der Verarbeitung, der geschlichteten Kettgarne, endlich der erhaltenen Gewebe im rohen und gebleichten Zustand, sowie der aus den Gewebestreifen herauspräparierten Fäden sollten eine Analyse der Festigkeits- und Dehnungsverhältnisse möglich machen.

<u>V e r s u c h s d u r c h f ü h r u n g</u>

Die angelieferten, teilweise abgekochten und hinsichtlich ihrer Eigenschaften genau untersuchten Garne wurden ohne Fadenreiniger gespult und für insgesamt 8 Ketten von je 145 m Schärlänge, sowie für das entsprechende Schußgarn vorgesehen. Die genannten 8 Ketten wurden wie folgt behandelt:

| Versuchs-Nr. | Flachsgarn roh | Flachsgarn abgekocht | Reihenfolge der Verwebung |
|---|---|---|---|
| 1 | ungeschlichtet |  | II |
| 2 | " | . | V |
| 3 | kalt geschlichtet |  | I |
| 4 | heiß geschlichtet |  | III |
| 5 | " " |  | VII |
| 6 |  | ungeschlichtet | VIII |
| 7 |  | heiß geschlichtet | IV |
| 8 |  | " " | VI |

Wie ersichtlich blieben von den <u>Rohgarnen</u> 2 Ketten ungeschlichtet, eine dritte erhielt Kaltschlichtbehandlung, während 2 weitere Ketten in 2 verschiedenen Betrieben in dort jeweils üblicher Weise heiß geschlichtet wurden. Von den Ketten aus den <u>abgekochten Garnen</u> wurde eine Kette ohne Schlichte hergestellt, während zwei weitere in den beiden bereits genannten Betrieben heiß geschlichtet wurden.

Die Versuche erhielten in vorgenannter Reihenfolge die Versuchsnummern 1 - 8, ihre Verarbeitung auf dem Webstuhl erfolgte in einer anderen Reihenfolge, die in der vorstehenden Aufstellung rechts angeführt ist. Es sollte dadurch vermieden werden, daß irgendwelche fortschreitenden Veränderungen von an sich im Sinne der Versuche unwesentlichen Umständen einen Einfluß auf das Ergebnis erhielten. Während das Zetteln der Garne in _einem_ Betrieb unter unserer Aufsicht vorgenommen wurde, hatten wir auf die Durchführung des Schlichtens in den einzelnen Betrieben, denen die Zettelbäume übersandt wurden, keinen Einfluß. Zur Verwebung fand ein Festblattstuhl mit Unterschlag- und Innentritteinrichtung der Sächs. Maschinenfabrik vorm. Rich. Hartmann, Chemnitz, höchstmögliche Blattbreite 120 cm, bei 137 Schuß/min Anwendung. Der Stuhl war mit einem Valentin-Anbauautomat als Schützenwechsler und mechanisch wirkender Kettfadenwächtereinrichtung mit Lamellen (ca. 1,6 g Gewicht) versehen. Das Geschirr hatte Baumwoll-Litzen. Die relative Luftfeuchtigkeit im Websaal war bei allen Versuchen mit relativ geringen Schwankungen etwas über 70 % im Tagesdurchschnitt. Das Tagesmittel der Temperatur im Websaal schwankte zwischen 20,0 und 23,5° C. Im Verlauf des Tages waren erhebliche Schwankungen festzustellen. Doch konnten sie deshalb in Kauf genommen werden, weil ihr Verlauf an den einzelnen Tagen etwa gleich blieb.

Sämtliche Verarbeitungsvorgänge, abgesehen von dem Schlichten in den verschiedenen Betrieben, wurden jeweils auf der gleichen Maschine und durch das gleiche Personal vorgenommen. Das Verweben der einzelnen Ketten wurde hintereinander in der bereits angegebenen Reihenfolge durchgeführt und die Ketten, um eine Veränderung der Schaftstellung usw. zu vermeiden, im Webstuhl angeknotet. Die Arbeit auf dem Webstuhl wurde von unserem Ingenieur bei mindestens 100 m Weblänge (30-35 effektive Arbeitsstunden) je Kette überwacht und die vorgesehenen Aufnahmen der Fadenbrüche, der Maschinenstillstände und der Arbeitszeiten vorgenommen.

Allen Firmen, die sich für die Versuchsarbeiten in überaus entgegenkommender Weise zur Verfügung stellten ( A.W. Kisker, Bielefeld, Bielefelder A.-G. für Mechanische Weberei, Bielefeld, Steinhuder Leinenindustrie, Gebr. Bretthauer, Steinhude a.M.), sei an dieser Stelle verbindlichster Dank ausgesprochen.

Die Festigkeits- und Dehnungsuntersuchung an Garnen und Geweben, auf deren Einzelheiten an den entsprechenden Stellen dieses Berichtes näher eingegangen sei, wurden nach den Vorschriften DIN 53801 vorgenommen.

Forschungsberichte des Wirtschafts- und Verkehrsministeriums Nordrhein-Westfalen

<u>Versuchsauswertung</u>

Teil I : Verarbeitung

Die Ergebnisse der Beobachtungen bei der Verarbeitung der Ketten und ihrer rechnerischen Auswertung gibt Tabelle 1. Sie enthält je Versuchsperiode:

<u>Gesamtarbeitszeit</u> in min,

<u>Abzügliche Stillstandszeit</u> infolge Stillstände, die nicht ursächlich von den Ketten herrührten, z.B. solcher durch nicht einwandfreies Wechseln des Automaten, durch Beseitigen von gerissenen Schußfäden, durch Auslaufen von Kettfäden (als Fehler der Schlichterei), durch Arbeiten an dem Webstuhl ;

<u>Effektive Arbeitszeit</u> in min, die sich aus der Gesamtarbeitszeit abzüglich der vorerwähnten Stillstandszeit ergab ;

<u>Theoretische Schußzahl</u> entsprechend der effektiven Arbeitszeit und einer Drehzahl des Webstuhls von 137/min ;

<u>Kettfadenbrüche je 1oo ooo Schuß</u> (praktisch) aufgeteilt nach Anspinnern, dicken und dünnen Garnstellen, Knoten und Schäben als Ursache ;

<u>Tatsächlich geleistete Schußzahl</u> nach Angabe des Schußzählers ;

<u>Wirkungsgrad des Webens</u> in %, der sich aus dem Verhältnis zwischen tatsächlich geleisteter und theoretischer Schußzahl ergibt.

Während zur Ermittlung der effektiven Arbeitszeit eine Anzahl von Stillständen, die vorher als nicht von der Kette herkommend bezeichnet wurden, in Abzug gebracht worden waren, sind die Stillstände infolge Austrennens von Schußfäden und Herausfliegens von Webschützen in der effektiven Arbeitszeit mit enthalten, da beide in einem mehr oder weniger starken Maße durch den Zustand der Kette verursacht werden können.

Betrachtet seien zunächst die Ergebnisse der Versuche mit R o h g a r n k e t t e n . Wie ersichtlich, tritt die größte Kettfadenbruchhäufigkeit bei den Versuchen 1 und 2 mit ungeschlichteten Ketten auf. Die beiden Versuche, die zu verschiedenen Zeiten vorgenommen wurden ( an 2. und 5. Stelle innerhalb des Gesamtversuches), haben eine sehr gut übereinstimmende Kettfadenbruchzahl von 223 je 1oo ooo Schuß aufzuweisen. Dementsprechend

Forschungsberichte des Wirtschafts- und Verkehrsministeriums Nordrhein-Westfalen

Tabelle 1

| Versuchs-Nr. | 1 | 2 | 3 | 4 | 5 | 6 | 7 | 8 |
|---|---|---|---|---|---|---|---|---|
| Kette | roh | | | heiß ge-schlichtet | | abgekocht | | |
| | ungeschlichtet | | kalt geschl. | heiß ge-schlichtet | | unge-schlicht. | heiß ge-schlichtet | |
| Gesamtarbeitszeit min | 2805,0 | 694,0 | 2726,0 | 2177,0 | 2045,0 | 1860,0 | 2003,0 | 2025,0 |
| Stillstandszeit min | 24,6 | 7,8 | 35,1 | 12,4 | 26,1 | 11,5 | 8,8 | 31,3 |
| Effekt.Arbeitszeit min | 2780,4 | 686,2 | 2690,9 | 2164,6 | 2018,9 | 1848,5 | 1994,2 | 1993,7 |
| Theor. Schußzahl | 380915 | 94009 | 368653 | 296550 | 276589 | 253245 | 273205 | 273137 |
| Stillstände durch Kettenfadenbr. je 100000 Schuß 1. Anspinner | 22,8 | 20,0 | 16,5 | 22,1 | 17,6 | 16,7 | 13,6 | 12,0 |
| 2. Dicke Stellen | 21,7 | 24,6 | 13,8 | 11,2 | 3,6 | 4,1 | 14,0 | 6,7 |
| 3. Dünne Stellen | 88,5 | 77,0 | 54,7 | 42,8 | 24,0 | 22,2 | 44,5 | 18,3 |
| 4. Knoten | 89,4 | 101,5 | 101,0 | 92,8 | 80,5 | 43,0 | 59,3 | 61,1 |
| 5. Schäben | 0,4 | - | - | 0,5 | 0,5 | - | 0,5 | 0,4 |
| insgesamt | 222,8 | 223,1 | 186,0 | 169,4 | 126,2 | 86,0 | 131,9 | 98,5 |
| Tatsächl. Schußzahl | 271000 | 65000 | 267000 | 222000 | 221000 | 221000 | 221000 | 224000 |
| Wirkungsgrad % | 71,1 | 69,2 | 72,4 | 74,9 | 79,9 | 87,3 | 80,9 | 82,0 |

liegen auch die errechneten Wirkungsgrade dicht beieinander, u.zw. mit 71,1 und 69,2, also im Mittel mit 70,2 %. Die Beobachtungen während des Webens ergaben, daß lange, steif abstehende Faserbündel bei den ungeschlichteten Kettgarnen insofern Schwierigkeiten machten, als neben einer Störung des reinen Webfaches leicht ein Zerfasern der Fäden zwischen Geschirr und Blatt stattfand und zur Ursache von Fadenbrüchen wurde. Dazu zeigte sich, daß die Fadenwächterlamellen nicht in allen Fällen das erwünschte Zurückziehen gerissener Kettfäden bewerkstelligten. Bei Versuch 2 blieben z.B. 30,5 % der gesamten Kettfadenbrüche auf diese Weise ohne automatische Abstellung des Stuhles. Ein Querliegen des gerissenen Fadens konnte auf diese Weise leicht eintreten, wodurch eine erhöhte Gefahr der Nesterbildung gegeben war. Häufige Austrennzeiten waren deshalb nicht zu vermeiden, was bei einer Mehrstuhlbedienung und dichten Waren besonders nachteilig ist. Wird die Aufteilung der Kettfadenbrüche je nach ihrer Ursache betrachtet, so treten besonders Brüche durch Knoten und dünne Stellen hervor, während die Brüche durch Anspinner und dicke Stellen weniger, solche durch Schäben gar nicht ins Gewicht fallen. Die Aufrauhung des Kettgarns durch die Reibung an Kettfadenwächtern, Litzen und Riet ist bei der Stuhlrohware aus ungeschlichteten Ketten an der erhöhten Flusigkeit der Gewebeoberfläche deutlich feststellbar. Die Bildung von Faserflug unter dem Webstuhl war hoch.

Versuch 3 betraf die Verarbeitung einer kalt geschlichteten Rohgarnkette. Das Schlichten mit kalt durch Natronlauge aufgeschlossener und ohne Erhitzung angewandter Stärke wird zuweilen dort geübt, wo Betriebsdampf im zweckentsprechenden Zustande nicht zur Verfügung steht. Das Kaltschlichten hat ein Eindringen des Stärkemittels in die Fäden nicht in dem Maße zur Folge, wie dieses bei der Heißschlichte der Fall ist, das Schlichtemittel hüllt in erster Linie den Faden ein. Insofern mag diese Weise des Schlichtens als Notbehelf angesehen werden, wenngleich auch eine Anzahl Vorteile für dieses Verfahren angeführt werden können.

Die bei der Verarbeitung des kaltgeschlichteten Rohgarns beobachtete Gesamtfadenbruchzahl ist geringer als bei der Verwebung ungeschlichteter Rohgarnketten; dementsprechend liegt der Webwirkungsgrad höher. Wenn auch der Unterschied nicht übermäßig ist, so war er doch zu ver-

Forschungsberichte des Wirtschafts- und Verkehrsministeriums Nordrhein-Westfalen

zeichnen. Der Rückgang der Fadenbrüche unterteilt nach ihrer Ursache macht sich besonders deutlich in dem geringeren Auftreten der dicken und dünnen Stellen, die offenbar durch das aufgetragene Schlichtmittel ausgeglichen wurden bzw. beim Weben als Störungsquellen weniger in Erscheinung traten. Auffallend war ein wirksameres Arbeiten der Kettfadenwächtereinrichtung. Nicht heruntergegangen im Vergleich zur Bearbeitung ungeschlichteter Ketten war die Kettfadenbruchzahl infolge der Knoten. Diese Erscheinung hängt wohl damit zusammen, daß sich die natürliche Steifheit des Rohgarns durch die Kaltschlichte noch steigert, wodurch ein Sichlösen der Knoten gefördert wird.

Die Versuche 4 und 5 betrafen die Verarbeitung von Rohgarnketten, die in 2 verschiedenen Betrieben nach unterschiedlichen Methoden heiß geschlichtet wurden. Der Griff der behandelten Garne ließ darauf schließen, daß im Fall 5 eine größere Menge Schlichte auf das Garn gekommen war. Das geschlichtete Garn 5 war deutlich steifer als das Garn 4, das sich im Griff von dem ungeschlichteten Garn wesentlich weniger unterschied. Diese Unterschiede in dem Grad des Schlichtens machten sich bei der Anzahl der beobachteten Kettfadenbrüche bzw. bei den Werten des Webwirkungsgrades deutlich bemerkbar. Sie betrugen 169 und 126 je 100 000 Schuß bzw. 74,9 und 79,9 gegenüber 223 bzw. 70,2 bei den ungeschlichteten Rohketten. Es ist also einerseits ersichtlich, daß die Verarbeitungswerte bei den heiß geschlichteten Ketten erheblich günstiger lagen als bei den ungeschlichteten Ketten, auch besser als bei der kaltgeschlichteten verarbeiteten Kette, andererseits ist festzustellen, daß auch die Art des Schlichtens eine große Rolle spielt. Der Bestwert des Webwirkungsgrades mit 79,9 % wurde erreicht bei der stark geschlichteten Kette 5.

Die Oberfläche der Gewebe war in allen Fällen, in denen mit Schlichte — auch mit Kaltschlichte - gearbeitet wurde, glatter als die bei der Verwebung ungeschlichteter Ketten erreichte.

Es ist bei der Besprechung der Ergebnisse aus Versuch 1 und 2 (ungeschlichtete Ketten) gesagt worden, daß die Fadenwächterlamellen bei einem bemerkenswert hohen Prozentsatz der Fadenbrüche nicht angesprochen und den Webstuhl nicht zum Stillstand gebracht hatten, wodurch sich die daraus folgenden Schwierigkeiten und häufige Austrennzeiten ergaben. Es war

Forschungsberichte des Wirtschafts- und Verkehrsministeriums Nordrhein-Westfalen

Tabelle 2

| Versuchs-Nr. | | 2 | 2a |
|---|---|---|---|
| Kette | | roh | ungeschlichtet |
| Lamellen | | leicht | schwer |
| Gesamtarbeitszeit min | | 694 | 1667 |
| Abzügl. Stillstandszeit min | | 7,8 | 33 |
| Effekt. Arbeitszeit min | | 686,2 | 1634 |
| Theoret. Schußzahl | | 94009 | 223928 |
| je 100 000 Schuß | 1. Anspinner | 20,0 | 18,6 |
| | 2. Dicke Stellen | 24,6 | 15,2 |
| | 3. Dünne Stellen | 77,0 | 29,2 |
| | 4. Knoten | 101,5 | 80,0 |
| | 5. Schäben | - | 1,7 |
| | insgesamt | 223,1 | 144,7 |
| Tatsächl. Schußzahl | | 65000 | 178000 |
| Wirkungsgrad % | | 69,2 | 79,5 |

naheliegend, einen Versuch mit schwereren Lamellen durchzuführen, um festzustellen, ob hierdurch ein exakteres Ansprechen der Kettfadenwächtereinrichtung zu erreichen war. Es wurden daher versuchsweise (Vers. 2a) Lamellen von je 3,0 g Gewicht gegenüber solchen von 1,6 g Gewicht eingesetzt. Der Vergleich im Betrieb ergab ein Zurückgehen, der von der Fadenwächtereinrichtung nicht erfaßten Kettfadenbrüche von 30,5 (siehe S. 10) auf 16,3 %. Gleichzeitig ging auch die absolute Fadenbruchzahl je 100 000 Schuß bei der Verwendung der schwereren Lamellen zurück. Tabelle 2 zeigt die Unterschiede.

Wie ersichtlich, vermindern sich vor allen Dingen bei Verwendung schwererer Lamellen die am meisten ins Gewicht fallenden Fadenbrüche durch Knoten und dünne Stellen. Es kann daran gedacht werden, daß durch die höhere Belastung des einzelnen Kettfadens durch die schwerere Lamelle eine kleine Fadenreserve gebildet wird, die ein nachgiebigeres Verhalten der Kette bei den sonst zu Bruch führenden Beanspruchungen mit sich bringt. Jedenfalls ergab sich durch die Veränderung der Lamellen ein Rückgang der Gesamtfadenbrüche von 223 auf 114 je 100 000 Schuß und eine außerordentlich starke Zunahme des Wirkungsgrades bei der ungeschlichteten Kette 2 von 69,2 auf 79,5 %, der somit einen höheren Wert erreicht als bei den geschlichteten Ketten 3 und 4. Nun wäre allerdings auch bei diesen Versuchen eine Verbesserung durch ein nachgiebigeres Arbeiten der Kette bei schwereren Lamellen zu erreichen, wenn auch nicht in dem Maße, wie sich dies bei der ungeschlichteten Kette 2 gezeigt hat, denn der Anteil an den von den Kettfadenwächtern nicht erfaßten Brüchen waren bei den geschlichteten Ketten nicht so auffällig. Anders bei Versuch 5, bei dem auch eine gewisse Steigerung des Wirkungsgrades zu erwarten gewesen wäre, da hier wiederum ein höherer Prozentsatz der von den Kettfadenwächtern nicht erfaßten Brüche zu verzeichnen war.

Werden die Ergebnisse der Wirkungsgradversuche mit Rohketten unter Berücksichtigung des Zwischenversuches mit verschiedenen Lamellengewichten zusammengefaßt, so ergibt sich zwar eine Überlegenheit der geschlichteten Ketten, jedoch in einem gegenüber den Wirkungsgradwerten in Tab. 1 gemildertem Maße, das gegebenenfalls die Berechtigung des Schlichtens in einem zweifelhaften Lichte erscheinen läßt. Insbesondere hat sich gezeigt, daß bei der Auswirkung verschiedener Schlichtverfahren sehr große

Unterschiede zu erhalten sind, kurz, daß nicht jedes Schlichten den Effekt gegenüber der Verarbeitung ungeschlichteter Ketten mit sich bringt, der von ihm erwartet wird.

Das Äußere der stuhlrohen Ware ergab eine Überlegenheit derjenigen Stücke, die mit geschlichteten Ketten gearbeitet waren.

Die Versuche 6, 7 und 8 galten Ketten aus dem gleichen Garn, wie es zu den Versuchen 1 - 5 Verwendung fand, jedoch im abgekochten Zustand. Dabei fiel unter 6 die Verarbeitung einer ungeschlichteten, unter 7 und 8 die Verarbeitung von zwei unterschiedlichen heiß geschlichteten Ketten, die nach den gleichen Verfahren wie die Rohgarnketten der Versuche 4 und 5 vorbereitet worden waren. Anhand der Zahlen der Tab. 1 ist zunächst festzustellen, daß die Kettfadenbrüche und damit auch die Wirkungsgrade klar bessere Werte aufweisen, als bei den entsprechenden Versuchen mit Rohgarnen. Im Gesamtdurchschnitt gesehen ergibt sich ein Wirkungsgrad von 83,4 % bei den abgekochten Ketten gegenüber 73,5 % bei den entsprechenden Rohketten, wenngleich auch dieser Unterschied bei der Benutzung schwererer Kettfadenlamellen bei den steiferen Rohgarnen zu einem gewissen Ausgleich hätte gebracht werden können. Immerhin wirkt sich die größere Weichheit des Garns im abgekochten Zustand vorteilhaft aus, vor allem auch der Umstand, daß die bei einzelnen Rohgarnpartien beobachteten borstenartig abstehenden verklebten Fasern infolge des Aufschlusses beim Kochen nicht mehr derart hindernd in Erscheinung traten. Nicht von der Hand zu weisen ist schließlich auch als Ursache des besseren Verhaltens, daß das Garn durch den Kochvorgang in der Nummer zugenommen hat, wodurch sich bei der gleichen Einstellung eine geringere relative Dichte ergab.

Werden die Zahlen für die einzelnen Versuche mit den abgekochten Ketten miteinander verglichen, so ergeben sich zunächst überraschend für die ungeschlichtete Kette des Versuchs 6 eine geringere Fadenbruchzahl und besserer Wirkungsgrad (86 Fadenbrüche bei 87,3 %) als für die geschlichteten Ketten der Versuche 7 und 8 (132 bei 80,9 % bzw. 98,5 bei 82,0 %). Unter den geschlichteten Ketten macht sich hingegen der gleiche Unterschied bemerkbar, wie bei den korrespondierenden Rohgarnversuchen 4 und 5, wenn er auch nicht so auffällig ist wie bei

Rohgarn. Das unterschiedliche Ergebnis des Vergleichs zwischen ungeschlichtet und geschlichtet verarbeiteten Ketten bei abgekochtem Garn im Vergleich zu demjenigen bei Rohgarnketten kann wie folgt erklärt werden. Der Vorteil des durch die Abkochung weich gewordenen Garns trat am besten bei der ungeschlichteten Kette hervor. Jede Schlichtung ergab wieder einen steiferen Charakter der Kettfäden und damit eine schlechtere Verarbeitung. Die Vorteile des weich gewordenen Garns standen somit den sonst durch die Schlichte gebrachten entgegen. So fällt der Vergleich zwischen der ungeschlichteten Kette im Versuch 6 und der geschlichteten Kette im Versuch 7 zu Gunsten der ersteren aus. Erst bei dem stärkeren Schlichten des Versuchs 8 traten die Vorteile des Schlichtens deutlicher in Erscheinung. Dennoch erreicht der Wirkungsgrad bei Versuch 8 nicht jenen des Versuchs 6 mit ungeschlichteter Kette und bleibt sogar deutlich hinter ihm zurück (82,0 % gegenüber 87,3 %). Die starke Schlichte hat hier eine Erhöhung der durch die Fadenwächter nicht erfaßten Fadenbrüche hervorgebracht, nämlich 25 % gegenüber 19 % bei ungeschlichteter Kette. Es war dies umgekehrt wie bei der Verwebung der Rohgarne, bei denen das steifere ungeschlichtete Garn diesbezüglich mehr Schwierigkeiten machte. Es wurde aber **schon** an jener Stelle des Berichtes (S. 13) erwähnt, daß bei dem stärker geschlichteten Garn des Versuches 5 gegenüber den schwächer geschlichteten Ketten wieder eine Zunahme der von den Kettfadenwächtern ausgelassenen Brüche zu verzeichnen war. Wenn auch bei abgekochten Garnen, die sperrigen Faserbündel nicht mehr allzu auffällig in Erscheinung traten, so verursachten zusammenklebende abstehende Fäserchen Störungen. Auf diese Erscheinungen bei den Versuchen 5 und 8 wird noch einzugehen sein. Es dürfte möglich sein, sie zu beseitigen oder auch durch eine Wahl schwererer Kettfadenwächter den Wirkungsgrad zu heben, jedoch kaum in einem derartigen Maße, daß er den Wert aus dem Versuch 6 mit ungeschlichteter Kette nennenswert übersteigen würde.

Auch hier bei der Verarbeitung der abgekochten Ketten kann somit in noch deutlicherer Weise als bei der Zusammenfassung der Versuche mit Rohketten gesagt werden, daß bei richtiger Wahl der Betriebsbedingungen auch bei der Anfertigung sehr dichter Gewebe das Schlichten auf die Wirkungsgradwerte keinen verbessernden Einfluß hat. Erneut ist zu betonen, daß verschiedene Schlichtverfahren sich sehr unterschiedlich und sogar schädlich auswirken können.

Was die Oberfläche der stuhlrohen Ware anbetrifft, so war bei dem Gewebe mit ungeschlichteter Kette eine deutlich höhere Flusigkeit festzustellen als bei den Stücken mit geschlichteter Kette. Selbstverständlich ist wohl ebenfalls, daß diesbezüglich ersteres auch im Vergleich zu den Geweben mit ungeschlichteten Rohketten (Vers. 1 und 2) ungünstig ausfällt, entsprechend der an sich schon größeren Flusigkeit des abgekochten Garns.

Auf einem besonderen Unterschied, der bei der Bearbeitung unterschiedlich heiß geschlichteter Ketten in den Versuchen 4 und 5 bzw. 7 und 8 aufgetreten war, sei noch eingegangen. Trotz des sich insgesamt durchaus günstig auswirkenden stärkeren Schlichteffekts bei Versuch 5 und 8 stieg der prozentuale Anteil der durch die Kettfadenwächter nicht erfaßten Kettfadenbrüche gegenüber den Versuchen 4 und 7 bei dem Rohgarn von 16,2 auf 28,5 %, bei dem abgekochten Garn von 18,2 auf 25,0 % an. Auch nahm die Zahl der herausgeschleuderten Webschützen zu. Die Beobachtungen ergaben, daß lang abstehende Fasern, die durch das starke Schlichten besonders steif waren, die Ursache waren, daß sie Störungen im Webfach ergaben und die Kettfadenwächter als zu leicht erscheinen mußten. Da in allen Fällen das gleiche Ausgangsgarn verwendet wurde, ist es naheliegend, die Ursache der bei 5 und 8 aufgetretenen Erscheinung der abstehenden verklebten Faserenden bei der Technik des Schlichtens zu suchen. Als unterschiedlich gegenüber der Schlichtung 4 und 7 ist in diesem Zusammenhang festzustellen, daß bei dem Schlichten in den Fällen 5 und 8 Bürst- und Glättwalzen Verwendung fanden, deren Aufgabe es war, die abstehenden Fasern an den Faden anzulegen. Es bleibt die Frage, ob nicht in diesen Einrichtungen entgegen ihrem in Aussicht genommenen Zweck oder im starken Ausmaß des Schlichtens der Grund für die aufgetretenen Erscheinungen zu suchen ist. Gegen die letztere Annahme spricht, daß das äußerlich ebenfalls sehr stark geschlichtete Kettgarn aus dem Versuch 3 **(Kaltschlichte)** die verklebt abstehenden, sperrigen Fasern nicht aufwies.

Es sei bemerkt, daß diese hier aufgezeichneten Erscheinungen nur relativ zu werten sind und daß der Wirkungsgrad bei den Versuchen 5 und 7, zumindest für alle geschlichteten Ketten, trotzdem Bes. werte aufwies.

Forschungsberichte des Wirtschafts- und Verkehrsministeriums Nordrhein-Westfalen

Ein weiterer Umstand aus den Beobachtungen beim Weben sei hier angeführt. Bei den von einer der verwendeten Schlichtmaschine kommenden Ketten wurde eine merkliche Steigerung der auslaufenden Fäden gegenüber anderen Versuchen festgestellt. Sie waren vermutlich darauf zurückzuführen, daß auf der Schlichtmaschine eine Aufteilung der Kettfäden für den Expansionskamm nicht vor dem Einlauf der Kette in den Schlichttrog, sondern erst vor dem Kamm selbst geschah, wodurch ein Verkreuzen der Fäden und Fadenbrüche verstärkt auftraten.

Teil II : Gewebeeigenschaften.

Wie zu Anfang dieses Berichtes angegeben, wurde das Garn für sämtliche Versuchsketten und das zugehörige Schußmaterial der gleichen Spinnpartie entnommen. Vor der Verarbeitung wurden die Eigenschaften des Garns eingehend auf dem Reißapparat und am laufenden Faden geprüft. Die gefundenen Mittelwerte sind in nachstehender Tabelle 3 zusammengestellt.

Tabelle 3

|  | Garn roh für Vers. 1-5 | Garn abgek. für Vers. 6-8 |
|---|---|---|
| Mittl.metr. Nummer | 17,6 | 18,9 |
| Nummer für Reißlängenberechnung | 17,6 | 18,7 |
| Mittl. Reißfestigkeit (g) | 1046 | 978 |
| Ungleichmäßigkeit der Festigkeit (%) | 15,4 | 14,8 |
| Reißlänge (km) | 18,4 | 18,3 |
| Mindestreißlänge x) (km) | 12,8 | 14,1 |
| Bruchdehnung (%) | 1,78 | 1,91 |
| 1o-Bruch-Belastung bez. auf Nm 1 (kg) | 8,3 | 7,9 |

x) Mindestreißlänge = Mindestfestigkeit x Nummer
(Mindestfestigkeit = niedrigster Reißwert nach Streichung der tiefsten Reißwerte in der Anzahl von 5 % der Gesamtreißzahl).

Der Vergleich der Eigenschaften des Rohgarns gegenüber dem abgekochten Garn ergibt ca. 6-7 %igen Gewichtsverlust und einen etwa gleich hohen Verlust an Reißfestigkeit, **so daß** auch die Reißlängen etwa gleich geblieben sind. Die Gleichmäßigkeit hat durch das Abkochen eine kleine Verbesserung erfahren. Die Bruchdehnung des abgekochten Garns war höher als die des Rohgarns.

Es wurde bereits gesagt, daß bei allen Versuchen das gleiche Garnmaterial für Kette und Schuß Verwendung fand.

Nach erfolgtem Schlichtvorgang wurde in jedem Falle ein Stück Kette von 1 m Länge herausgeschnitten unter besonderer Vorsorge, daß dieses Stück den vollständigen Schlichteffekt miterhalten hatte. Diese aus der Kette herausgeschnittenen Garnbündel wurden wiederum für eine Garnprüfung auf Reißfestigkeit und Bruchdehnung benutzt. Diese Art der Prüfung kann als besonders zuverlässig bezeichnet werden, da bei ihr Fäden aus einer großen Anzahl Strähne zur Mittelwertbildung herangezogen werden.

In Tabelle 4 sind Nummer, Reißfestigkeit, Reißlänge und Bruchdehnung zusammengestellt, die sich aus dieser Prüfung bei den ungeschlichteten und verschieden geschlichteten Fäden in den Ketten ergaben, und zwar in ihrer absoluten Größe und in Prozenten der entsprechenden Garnwerte vor dem Einsatz.

Der Vergleich der Reißlängen bei den ungeschlichteten Kettfäden kann das Maß aufzeigen, in dem das Garn durch die Vorgänge des Spulens (**auf** Scheibenspulen) und des Schärens geschädigt worden ist. Wie ersichtlich, ist dieser Verlust bei dem Roharn mit 3 % höher als bei dem abgekochten Garn mit 1 %. Der Unterschied liegt jedoch zu nahe an der Fehlergrenze, als daß er zahlenmäßig als exakt anzusehen ist. Es kann aber allgemein festgestellt werden, daß durch die genannten Vorgänge eine Minderung der Garnfestigkeit in nennenswertem Maße nicht erfolgt. Auffälliger ist der stärkere Verlust an Dehnung, den die Garne erlitten hatten (11 bis 15 %).

Zur Kennzeichnung der Festigkeitsänderung durch das Schlichten einschließlich der vorausgegangenen Prozesse des Spulens und des Schärens müssen die Werte der absoluten Reißfestigkeit verglichen werden, denn es tritt

Tabelle 4

| Versuchs-Nr. | | 1 u. 2 | 3 | 4 | 5 | 6 | 7 | 8 |
|---|---|---|---|---|---|---|---|---|
| Kette | | | roh | | | abgekocht | | |
| | | ungeschl. | kalt geschl. | heiß ge-schlichtet | heiß ge-schlichtet | ungeschl. | heiß ge-schlichtet | heiß ge-schlichtet |
| Nummer metr. | | 17,6 | 17,0 | 17,5 | 17,2 | 18,9 | 18,7 | 18,4 |
| Reißfestigkeit | g | 1o18 | 1o8o | 1o52 | 1o79 | 956 | 987 | 1o52 |
| Reißlänge | km | 17,9 | 18,3 | 18,4 | 18,6 | 18,1 | 18,5 | 19,3 |
| Bruchdehnung | % | 1,59 | 1,74 | 1,4o | 1,52 | 1,63 | 1,58 | 1,59 |
| Reißfestigkeit in % der Ausgangsfestigkeit | | 97,3 | 1o3,3 | 1oo,6 | 1o3,2 | 97,7 | 1oo,9 | 1o7,6 |
| Reißlänge in % der Ausgangsreißlänge | | 97,3 | 99,5 | 1oo,o | 1o1,1 | 99,1 | 1o1,1 | 1o5,5 |
| Bruchdehnung in % der Ausgangsdehnung | | 89,4 | 97,8 | 78,7 | 85,4 | 85,3 | 82,7 | 83,2 |

durch das Schlichten naturgemäß auch eine Nummeränderung ein. Die natürlichen Schwankungen der Garnnummer innerhalb der Partie müssen dabei als Ungenauigkeiten des Versuchs in Kauf genommen werden, da ein Vergleich der Reißlänge - also unter Ausschaltung der Nummer - für die Beurteilung des Verhaltens der Garne bei der Verwebung nicht mehr herangezogen werden kann, angesichts der erwähnten durch den Schlichtvorgang (Naßbehandlung, Auftragen der Schlichte) spezifisch verursachten Veränderung der Garnnummern.

Die geschlichteten Fäden zeigen sämtlich eine Abnahme der Garnnummer, also eine Zunahme der Fadenstärke. Diese Änderung ist natürlich verschieden, bei den stark geschlichteten Garnen der Versuche 3, 5 und 8 auffälliger als bei den Versuchen 4 und 7, die einen geringeren Schlichteffekt aufwiesen, wie bereits im Laufe des Berichtes wiederholt angegeben worden ist.

Die Reißfestigkeit der geschlichteten Fäden hat durchweg - verglichen mit der Festigkeit ohne Schlichten - zugenommen. Auch hier sind die Unterschiede zwischen den Schlichtverfahren deutlich feststellbar. Die Fäden aus den Versuchen 4 und 7 mit dem geringeren Heißschlichteffekt, haben sich weniger in der Festigkeit verändert als die Fäden aus den Parallelversuchen 5 und 8 und auch die kaltgeschlichteten Fäden des Versuchs 3. Zahlenmäßig bewegen sich die Änderungen - auch wenn man die Reißlänge vergleicht - in verschiedenen Grenzen. Es beträgt die Festigkeitszunahme bei den heißgeschlichteten Fäden der Versuche 5 (Rohgarn) und 8 (abgekochtes Garn) 3 bzw. 8 %, oder bei Vergleich der Reißlänge 1 bzw. 6 % gegenüber den Werten der Einsatzgarne. Etwas deutlicher werden diese Werte, wenn man sie ins Verhältnis setzt mit den Festigkeiten der ungeschlichteten Garne in der Kette, die - **wie bereits beschrieben - verglichen** mit den Werten der Garne vor ihrem Einsatz etwas zurückgegangen sind. Es ergeben sich für die vorerwähnten günstig geschlichteten Ketten dann Vorteile von rund 6 % bei dem rohen und rund 1o % bei dem abgekochten Garn.

**Die Zunahme der Reißfestigkeit durch das Schlichten ist bei den abgekochten Garnen stärker als bei den Rohgarnen**, was ohne weiteres verständlich erscheint.

Heikler ist - wie immer - die Betrachtung der Bruchdehnung. Die ungeschlichteten Garne zeigen in der Kette bereits eine starke Abnahme der Bruchdehnung von rund 11 bzw. 15 % bezogen auf die Ausgangswerte, offenbar infolge der Beanspruchung beim Spulen, Zetteln und Bäumen. Durch die Schlichte erhöht sich die Dehnungsabnahme weiter. Daß hierbei das Verfahren eine Rolle spielt, wird wiederum dadurch demonstriert, daß die auch sonst ungünstigeren heißgeschlichteten Garne 4 und 7 gegenüber den ebenfalls, aber anderwärts nach einem anderen Verfahren heißgeschlichteten Garne 5 und 8 teilweise mehr verloren haben. Einen ausgefallenen Wert ergeben die kaltgeschlichteten Fäden 3, die kaum einen Verlust aufweisen. Sollte der Wert von 99,8 % behaltener Bruchdehnung stimmen, würde dies bedeuten, daß der Verlust an Dehnung durch die mechanische Beanspruchung ( siehe oben) durch das Schlichten wieder wettgemacht worden ist. D.h. also, daß das Schlichten selbst eine Zunahme der Garndehnung verursacht hat. Es steht dahin, ob hierfür eine Erklärung durch die Einwirkung der verwendeten Natronlauge gefunden werden kann.

Zusammengefaßt sei nochmals festgestellt, daß durch die Verfahren des Spulens, Zettelns und Bäumens eine nicht wesentliche Abnahme der Garnfestigkeit stattgefunden hat, die beim Rohgarn höher war als beim abgekochten Garn. Das Schlichten führt - wie zu erwarten - eine Abnahme der Garnnummer, ferner eine teilweise merkliche Zunahme der Garnfestigkeit herbei. Die Bruchdehnung nimmt durch die mechanische Beanspruchung und weiterhin durch das Schlichten im allgemeinen ab.

Werden die Ergebnisse der Kettfadenfestigkeiten mit den ermittelten Wirkungsgraden bei der Verwebung verglichen, so kann ein direkter Zusammenhang nicht festgestellt werden, woraus zu schließen ist, daß für die Fähigkeit einer guten Verarbeitung die Festigkeitswerte nicht unmittelbar und nicht allein bestimmend sind. Sehr deutlich zeigt sich dieses z.B. bei den abgekochten Ketten, bei denen geradezu eine entgegengesetzte Tendenz festzustellen ist. Während in der Festigkeit das heißgeschlichtete Garn 8 dem ungeschlichteten Garn 6 stark überlegen ist, zeigte sich bei der Verarbeitung der ungeschlichteten Kette - wie im ersten Teil des Berichtes beschrieben - ein deutlich besserer Wirkungsgrad. Es sind also andere Eigenschaften, die die Verarbeitung im stärkeren Maße beeinflussen als die Festigkeit. Dabei sei auf unsere Ausführungen in dem ersten Teil des Berichts verwiesen.

Die Gewebe wurden einer besonders sorgfältigen Prüfung unterworfen, sowohl in Bezug auf ihre Gesamtfestigkeit, gemessen an der Bruchlast von Probestreifen, als auch hinsichtlich der Reißkraft der ihnen entnommenen Einzelfäden. Die Ergebnisse werden im Folgenden nur soweit geschildert, als sie für die Behandlung des hier aufgeworfenen Problems der Zweckmäßigkeit einer Schlichtbehandlung wesentlich sind. Die Auswertung des gesamten Materials bleibt vorbehalten bei der Fortsetzung unserer Studien über die Ausnutzung der Garne im Gewebe.

Die nachstehenden Ausführungen gelten zunächst ausschließlich den Gewebe- und Garnfestigkeiten in Kettrichtung.

Tabelle 5 gibt für die stuhlrohen und unentschlichteten Gewebe die Reißfestigkeit der Streifen von 5 cm Breite und nebst Angabe der Fadenzahl die auf 1oo Fäden bezogene Streifenfestigkeit wieder. Ferner enthält die Tabelle die Festigkeitssumme von 1oo Fäden, errechnet aus den Werten der Tabelle 4 des zur Verwebung gekommenen Materials in der Kette. Die Ausnutzung dieser Garnfestigkeit ist in der letzten Spalte der Tabelle prozentual wiedergegeben. Praktisch interessieren nur diese letztgenannten Werte, denn die Festigkeiten der unbehandelten Gewebe sind von geringerer Bedeutung gegenüber dem noch zu betrachtenden Zustand nach dem Entschlichten bzw. dem Bleichen der Ware. Die prozentuale Ausnutzung der eingesetzten Garnfestigkeit (nach dem Zetteln, Bäumen bzw. Schlichten) im Rohgewebe liegen mit einiger Streuung um ca. 85 %. Die Unterschiede sind nicht so groß, daß bemerkenswerte Feststellungen getroffen werden können. Sehr interessant ist, daß der gefundene Wert von 85 % eine äußerst befriedigende Übereinstimmung zeigt mit dem für die verwendete schwache Kettqualität (Mechan. Kette) von uns in unserer Arbeit über die Ausnutzung der Leinengarne mit 83 % genannten Ausnutzungswert.

In der Tabelle 6 sind weiterhin die Ergebnisse der Festigkeitsuntersuchungen an den entschlichteten Geweben und den in ihnen enthaltenen Kettfäden aufgeführt. Auch die mit ungeschlichteten Ketten hergestellten Gewebe wurden dem Entschlichtungsprozeß unterworfen, um gleiche Voraussetzungen für alle Gewebe zu schaffen. Die einzelnen Spalten dieser Tabelle und die darin enthaltenen Zahlen seien nachstehend besprochen:

Tabelle 5: Stuhlrohe Gewebe : Festigkeiten in Kettrichtung

| Versuchs-Nr. | 1 | 3 | 4 | 5 | 6 | 7 | 8 |
|---|---|---|---|---|---|---|---|
| Kette | ungeschl. | kalt geschl. | heiß geschlichtet | heiß geschlichtet | ungeschl. | heiß geschlichtet | heiß geschlichtet |
| | | | roh | | abgekocht | | |
| Gewebefestigkeit kg | 91,4 | 90,4 | 89,9 | 95,1 | 85,4 | 85,3 | 91,5 |
| Anzahl Fäden im Streifen | 103 | 103 | 102 | 103 | 104 | 104 | 103 |
| Gewebefestigkeit bezog. auf 100 Fd. kg | 88,7 | 87,8 | 88,2 | 92,3 | 82,1 | 82,0 | 88,8 |
| Summe d. Festigkeit v. 100 Fd. vor d. Verweben kg | 101,8 | 108,0 | 105,2 | 107,9 | 95,6 | 98,7 | 105,2 |
| Ausnützung d. Fadenfestigkeit % | 87,2 | 81,4 | 83,7 | 85,6 | 85,9 | 83,0 | 84,3 |

**Tabelle 6:** Entschlichtete Gewebe : Festigkeiten in Kettrichtung

| Versuchs-Nr. | 1 | 3 | 4 | 5 | 6 | 7 | 8 |
|---|---|---|---|---|---|---|---|
| K e t t e | r o h | | | | a b g e k o c h t | | |
| | ungeschl. | kalt geschl. | heiß geschlichtet | | ungeschl. | heiß geschlichtet | |
| 1. Gewebefestigkeit kg | 94,7 | 95,4 | 96,7 | 98,6 | 84,6 | 91,4 | 88,1 |
| 2. Anzahl Fäden im Streifen | 11o | 11o | 1o8 | 11o | 113 | 111 | 111 |
| 3. Gewebefestigkeit bezog. auf 1oo Fäden kg | 86,1 | 86,8 | 89,6 | 89,7 | 74,9 | 82,3 | 79,3 |
| 4. Summe d.Festigk.v. 1oo Fd.(Ausgangsfestigk.) kg | 1o4,6 | 1o4,6 | 1o4,6 | 1o4,6 | 97,8 | 97,8 | 97,8 |
| 5. Ausnützung d.Ausgangsgarnfestigkeit % | 82,4 | 83,1 | 85,7 | 85,9 | 76,6 | 84,2 | 81,1 |
| 6. Summe der Festigkeit v. 1oo Fd. im Gewebe kg | 68,6 | 73,5 | 7o,5 | 76,1 | 64,5 | 67,2 | 66,1 |
| 7. Festigkeitsverl.d.Garne bez.a.Ausgangsfestigk. | 34,4 | 29,7 | 32,6 | 27,3 | 34,o | 31,3 | 32,4 |

Die Spalten 1 - 3 geben die gemessenen Gewebefestigkeiten als Mittel aus
2o Reißversuchen, ferner die mittleren Fadenzahlen in den Versuchsstreifen und schließlich die Gewebefestigkeiten bezogen auf eine einheitliche
Fadenzahl (1oo Fd.) wieder.

Für die Gewebe 1 - 5, die aus Rohgarnen gewebt waren, ergibt sich eine gewisse Steigerung der Festigkeit ( Spalte 3) bei Anwendung der Schlichte
verglichen mit dem Gewebe 1 mit ungeschlichteter Kette. Dieselbe Feststellung läßt sich zunächst generell und für die Gewebe 6-8 mit abgekochten Ketten treffen. Es fällt auf, daß die Gewebe 4 und 7, die in
gleicher Weise geschlichtet waren, einen sehr guten Platz in der Gesamtbewertung der Gewebefestigkeit im entschlichteten Zustand einnehmen. Werden diese Zahlen mit den entsprechenden in der Tabelle 5 verglichen, so
ist sogar festzustellen, daß die Festigkeit durch das Entschlichten zugenommen hat. Dieses mag zunächst unwahrscheinlich klingen, doch ist die
Möglichkeit einer Festigkeitsverbesserung durch eine Naßbehandlung ohne
weiteres denkbar, etwa gegeben durch die Art der Schlichte, die einen ungünstigen Einfluß auf den Verband der Fäden im Gewebe ausübte. Es sei
vorweggenommen, daß die Festigkeiten der Fäden im Gewebe (Spalte 6) in
allen Fällen - also auch in den Geweben 4 und 7 - den nach dem Entschlichten zu erwartenden Rückgang aufzuweisen hatte verglichen mit den
Fäden in den unentschlichteten Geweben. Somit kann die eingetretene geringe Steigerung der Gewebefestigkeit bei 4 und 7 nur durch Änderung im
Gewebeverband zu erklären sein. Da diese Erscheinung nur bei den Geweben 4 und 7 auftrat, muß ihre Ursache naheliegenderweise auf besondere
Eigenschaften der in beiden Fällen angewandten Schlichte zurückzuführen
sein. In allen anderen Fällen ergab das Entschlichten ein Zurückgehen
der Gewebefestigkeit verglichen mit den stuhlrohen Geweben.

Beim Vergleich der einzelnen Gewebefestigkeiten innerhalb der Reihe
1-5 ( Verwebung von Rohgarnen ) stehen die mit heißgeschlichteter Kette
gearbeiteten Gewebe auf etwa gleich hoher Stufe und sind dem Gewebe
mit kaltgeschlichteter Kette überlegen, welch letzteres die geringste
Steigerung gegenüber dem Gewebe mit ungeschlichteter Kette aufweist.

Bei den Geweben mit abgekochten Garnen (6-8) zeigt sich die Überlegenheit der Gewebe mit geschlichteter Kette stärker. In dieser Reihe tritt aber eine Unklarheit dadurch auf, daß das ursprünglich und sonst gegenüber dem Gewebe 7 überlegene Garn 8 (beide nach verschiedenen Methoden heißgeschlichtet) ein merkwürdiges Nachgeben in der Festigkeit zeigt. Es wäre fraglich, ob die bereits erwähnte Festigkeitserhöhung des Gewebes 7 oder der jetzt vermerkte unerwartet starke Rückgang der Festigkeit im Gewebe 8 auf Versuchszufälligkeiten zurückzuführen ist. Die geschilderte Übereinstimmung der Festigkeitserhöhung bei den Geweben 4 und 7, sowie andere Beobachtungen deuten jedoch darauf hin, daß im Falle des Versuchs 8 bei der Untersuchung des entschlichteten Gewebes irgendwelche nicht mehr kontrollierbaren Zufälligkeiten eingetreten sind und der Fall 8 somit aus der generellen Betrachtung ausgeschieden werden muß. Dieses einbezogen ergibt sich bei den Geweben aus Rohgarnen durch die Schlichtung bezogen auf gleiche Fadenzahl eine Festigkeitsüberlegenheit von maximal rd. 4, bei den Geweben aus gekochten Garnen von rd. 1o %, welch letztere Zahl uns überhöht erscheint.

Spalte 4 bringt die aus der Tabelle 2 bekannten Festigkeiten der verarbeiteten Garne vor ihrem Einsatz und Spalte 5 die Ausnutzung dieser Garnfestigkeit im Gewebe. Nach dem soeben über Gewebefestigkeiten Gesagten ist zu den gefundenen Werten der Ausrüstungsfaktoren nichts hinzuzufügen : Die Ausnutzung der Garnfestigkeit verbessert sich mit dem Effekt der Schlichte, bei den abgekochten Garnen wiederum deutlicher als bei den Rohgarnen.

Spalte 6 enthält die Werte für die Festigkeit, welche an den aus den Geweben herauspräparierten Kettfäden festgestellt worden sind. Naturgemäß tritt hier eine gewisse Streuung ein, die in Kauf zu nehmen ist, trotzdem je Versuch 12o-18o Reißungen durchgeführt wurden. Es sind auch hier die besseren Werte bei den geschlichteten Ketten zu finden.

In der Spalte 7 ist der Festigkeitsverlust der Garne durch die bis einschließlich des Entschlichtens vorgenommenen Operationen bezogen auf die Ausgangswerte wiedergegeben. Es ergibt sich eine deutlich größere Schonung des Fadens beim Weben durch das Auftragen der Schlichte. Bei den Rohgarnen geht der Verlust von 34 % auf 27 % im günstigsten Fall, bei den abgekochten Garnen von 34 % auf 31 % zurück.

Das beste Ergebnis wurde bei den Rohgarnen im Gewebe 5 erzielt, welches -
wie erinnerlich - auch bei dem Wirkungsgradvergleich am günstigsten ab-
schnitt. Der Schlichteffekt bei dem Gewebe 4 war zum Schutze des Fadens
offenstichtlich nicht ausreichend, worauf ebenfalls bei der Besprechung
der Wirkungsgrade bereits hingewiesen wurde. Bei den Geweben aus abgekochten Garnen sind die Unterschiede in den Garnfestigkeitsverlusten nicht
so klar zu definieren. Die gefundenen Zahlen weisen geringere Unterschiede
auf. Während dieses bei dem Gewebe 7 wiederum auf einen zu geringen
Schlichteffekt deuten könnte, bleibt der Fall des Gewebes 8 unklar und
kann zur Charakterisierung nicht herangezogen werden. Es fragt sich somit, ob der geringere Rückgang der Garnfestigkeitsverluste durch das
Schlichten bei den abgekochten Garnen verglichen mit dem gleichen Effekt
bei Rohgarnen ein Charakteristikum ist oder auf Versuchsungenauigkeiten
zurückgeht.

Zusammenfassend kann nach Betrachtung der entschlichteten Gewebe gesagt
werden, daß im Rahmen einer in diesem Zwischenzustand auftretenden Streuung der Werte eine Verbesserung der Gewebefestigkeit durch geeignete
Schlichtverfahren festzustellen ist, zum Teil im Zusammenhang mit einer
durch die Schlichte verursachten größeren Schonung der Kettfäden auf
dem Webstuhl.

Während für die Prüfung der entschlichteten Gewebe entsprechend behandelte Abschnitte herangezogen wurden, sind die eigentlichen Warenstücke
der Firma Hermann Windel, G.m.b.H., Windelsbleiche zur Vollbleiche über-
geben worden. Sie wurden sämtlich der gleichen Behandlung unterworfen.
Es sei nicht unerwähnt gelassen, daß uns die Firma Windel darauf hingewiesen hat, die hohe Dichte der roh und auch abgekocht verwebten Garne
erfordere einen intensiveren Bleichvorgang, als er bei diesen Qualitäten
die üblicherweise aus vorgebleichten Garnen gewebt werden, sonst ange-
wandt wird. Es könnte aus diesem Vorbehalt geschlossen werden, daß dementsprechend stärkere Verluste beim Bleichen in Kauf zu nehmen waren.
Wie zum Schluß noch auszuführen sein wird, ergaben sich die Verluste in
der gleichen Höhe wie wir sie gelegentlich anderer Untersuchungen festgestellt haben, die allerdings ebenfalls dichte Gewebe aus Rohgarnen betrafen. Es war aber der Zweck dieser Arbeit, sich mit der Verarbeitung
von Rohgarnen zu befassen. Dementsprechend können die nachstehend

aufgeführten Werte, die sich aus der Prüfung 4/4 weiß gebleichten Gewebe ergaben, ohne Vorbehalt akzeptiert werden.

Tabelle 7 enthält diese Werte, die im Folgenden zu besprechen sind. Die Spalten 1-3 bringen wiederum die gemessenen mittleren Gewebefestigkeiten aus je 20 Reißungen, die festgestellten durchschnittlichen Fadenzahlen in den Probestreifen und schließlich die mittleren Gewebefestigkeiten bezogen auf 100 Fäden, wobei daran erinnert sei, daß zunächst lediglich die Festigkeit in Kettrichtung betrachtet wird. Der Vergleich der auf gleiche Fäden bezogenen Gewebefestigkeiten ergibt ein sehr eindeutiges Bild. Die Streuung, die eine klare Erläuterung des Ergebnisses für die entschlichtete Rohware schwierig machte, ist nicht mehr vorhanden. Die Gewebe, die mit geschlichteter Kette hergestellt worden sind, haben eine eindeutige Überlegenheit gegenüber den Geweben mit ungeschlichteter Kette. Dieses gilt sowohl für die Verwebung der Rohgarne als auch die der abgekochten Garne. Die Gewebe 5 und 8, deren Ketten nach gleichem Rezept intensiv heißgeschlichtet waren, haben die beste Festigkeit aufzuweisen. Die Gewebe 4 und 7 mit ebenfalls untereinander gleicher Weise heißgeschlichteten Ketten nehmen einen Mittelplatz ein, ebenso wie das Gewebe 3 mit kaltgeschlichteter Kette. Am schlechtesten schneiden die mit ungeschlichteter Kette hergestellten Gewebe 1 und 6 ab. Zwischen den Festigkeiten der Gewebe 5 und 1 (Rohgarne) ist ein Unterschied von rund 12, zwischen den Festigkeiten der Gewebe 8 und 6 (abgekochte Garne) ein solcher von rund 8 % zu verzeichnen, in beiden Fällen bezogen auf die mittlere Festigkeit des Gewebes mit ungeschlichteter Kette.

Die mittleren Festigkeiten der Gewebe 1 bis 5 aus Rohgarnen und der Gewebe 6-8 aus abgekochten Garnen unterscheiden sich zu Ungunsten der letzteren. Der Unterschied ist allerdings nicht groß und liegt maximal bei 3 %. Es ist hier aber darauf hinzuweisen, daß auf unseren Wunsch hin sämtliche Gewebe den gleichen Bleichvorgang durchgemacht haben. Es wäre vielleicht möglich, im Falle der abgekochten Garne mit einer geringeren Folge der Behandlungen in der Bleiche auszukommen und dadurch etwas an Festigkeit einzusparen. Es wäre also denkbar, daß dieser kleine Festigkeitsnachteil der abgekochten Garne sich hätte vermeiden lassen. Es sei somit lediglich die Feststellung gemacht, daß ins Gewicht **fallende**

Tabelle 7: **Gebleichte Gewebe : Festigkeiten in Kettrichtung**

| Versuchs-Nr. | 1 | 3 | 4 | 5 | 6 | 7 | 8 |
|---|---|---|---|---|---|---|---|
| Kette | | roh | | | abgekocht | | |
| | ungeschl. | kalt geschl. | heiß geschlichtet | heiß geschlichtet | ungeschl. | heiß geschlichtet | heiß geschlichtet |
| 1. Gewebefestigkeit kg | 55,5 | 60,0 | 59,4 | 63,1 | 56,3 | 58,1 | 60,4 |
| 2. Anzahl Fäden im Streifen | 114 | 114 | 114 | 116 | 116 | 114 | 115 |
| 3. Gewebefestigkeit bezog. auf 100 Fäden kg | 48,7 | 52,6 | 52,1 | 54,4 | 48,6 | 51,0 | 52,5 |
| 4. Summe d.Festigk.v. 100 Fd.(Ausgangsfestigk.) kg | 104,6 | 104,6 | 104,6 | 104,6 | 97,8 | 97,8 | 97,8 |
| 5. Ausnützung d.Ausgangsgarnfestigkeit % | 46,6 | 50,3 | 49,9 | 52,0 | 49,7 | 52,2 | 53,6 |
| 6. Summe d.Festigkeit v. 100 Fd. im Gewebe kg | 45,6 | 48,5 | 49,4 | 52,6 | 49,4 | 49,9 | 47,8 |
| 7. Festigkeitsverl.d.Garne bez.auf Ausgangsfestigk. % | 56,4 | 53,6 | 52,7 | 49,7 | 49,4 | 48,9 | 51,1 |
| 8. Festigkeitsverl.d.Garne bez. auf Ausgangsfestigkeit der Rohgarne % | 56,4 | 53,6 | 52,7 | 49,7 | 52,7 | 52,3 | 54,3 |

Unterschiede der Garnfestigkeit zwischen den Gruppen der Gewebe aus Rohgarnen und derjenigen aus abgekochten Garnen nicht festzustellen waren.

Spalte 4 enthält die Festigkeit von 1oo Fäden des Ausgangsmaterials und die Spalte 5 die Ausnützung dieser Festigkeit im Gewebe (Verhältnis zwischen der Gewebefestigkeit und der Garnfestigkeit unter Berücksichtigung der Fadenzahl). Es ergibt sich das gleiche Bild für die Überlegenheit der mit geschlichteten Ketten verarbeiteten Gewebe. Die Ausnützung bei den abgekochten Garnen stellt sich etwas günstiger als bei den Rohgarnen, entsprechend der geringeren Garnfestigkeit [1].

Spalte 6 enthält die Festigkeit von 1oo aus dem Gewebe herauspräparierten Kettfäden, die Spalten 7 und 8 geben den Festigkeitsverlust der Garne durch Weben und Bleichen einmal bezogen auf die in Spalte 4 genannte Ausgangsfestigkeit vor der Verarbeitung in der Weberei und zum anderen Mal in allen Fällen bezogen auf die Ausgangsfestigkeit der Rohgarne als die eigentliche zum Einsatz gebrachte Ursprungsfestigkeit der Garne wieder.

Eindeutig ergibt sich für die Rohgarne ein Abnehmen der Festigkeitsverluste durch das Schlichten. Von rund 56,4 % bei dem Gewebe 1 mit ungeschlichteter Kette auf 49,7 % bei Gewebe 5 mit vorteilhaft heißgeschlichteter Kette. Undeutlich ist das diesbezügliche Verhalten der abgekochten Garne. Im Gewebe 8 zeigen die Fäden gegenüber denjenigen aus Gewebe 6 mit ungeschlichteter Kette eine Zunahme des Verlustes, während die Fäden des Gewebes 7 einen etwas geringeren Verlust haben, als bei 6. Diese Unterschiede sind jedoch außerordentlich klein. Die größte auftretende Differenz beträgt 1,7 % absolut. Es muß also davon abgesehen werden, in diesem Fall von einer festgestellten Beeinflussung des Verlustes zu sprechen. Es kann jedoch festgehalten werden, daß der Einfluß der Schlichte auf die Garnverluste bei den abgekochten Garnen ein wesentlich geringerer war als bei den Rohgarnen. Zugegebenerweise ist diese Feststellung nicht sehr überzeugend. Die Zunahme der Gewebefestigkeiten mit dem Schlichten hätte sich erwartungsgemäß auch in einem Rückgang der Garnfestigkeitsverluste widerspiegeln müssen, besser gesagt, müßte von einem solchen herzuleiten sein. Es sei denn, daß der Gewebeverband in den einzelnen Fällen einen

---

[1] Siehe die Erläuterungen in unserem Bericht " Ausnützung der Leinengarne".

unterschiedlichen Einfluß auf die Gewebefestigkeit ausübte, wofür bei den durch die Bleiche gegangenen Geweben eine plausible Erklärung nicht zu finden ist.

Die - wie erwähnt - nur wenig unterschiedlichen Festigkeitsverluste der abgekochten Garne in den Geweben 6-8 liegen um rund 5o %, wenn sie auf die Ausgangsfestigkeit der abgekochten Garne bezogen werden. Sie sind geringer als bei den Rohgarnen bezogen auf deren Ausgangsfestigkeit, was besonders bei den ungeschlichteten Kettfäden zum Ausdruck kommt (49,4 gegen 56,4 %).

Werden, wie in Spalte 8 geschehen, die gebleichten Fäden der Gewebe 6-8 auf die Garnfestigkeit vor dem Abkochen bezogen, so erhöhen sich die Verlustwerte auf durchschnittlich 53 %, ein Wert, der teilweise niedriger, teilweise höher liegt als bei den Rohgarnen. Im einzelnen hat das abgekocht verarbeitete Garn bei der ungeschlichteten Kette (6) weniger verloren als das ungeschlichtete Rohgarn (1). Im Falle der entsprechenden geschlichteten Gewebe 4 und 7 liegen die Werte gleich, hingegen ergibt sich bei den geschlichteten Garnen 5 und 8 ein besserer Wert für das Rohgarn. Daß sich dabei keine ins Einzelne gehende Übereinstimmung mit dem Verhalten der Gewebefestigkeit ergibt, ist bei den zahlreichen Ungenauigkeitsquellen, die im Verlauf der in vielen Stufen durchgeführten Untersuchung auftreten, nicht verwunderlich.

Werden die Betrachtungen und Prüfungen an den gebleichten Geweben zusammengefaßt, so ist hinsichtlich der Gewebefestigkeit und der Gesamtverluste an Garnfestigkeit beim Weben und Bleichen festzustellen, daß die Schlichte insbesondere eine zweckmäßig durchgeführte Schlichte der Leinengarnketten eine nicht zu übersehende festigkeitskonservierende, bzw. festigkeitsfördernde Auswirkung hat. Diesbezügliche Unterschiede zwischen den Geweben mit Rohgarnketten und solchen mit Ketten aus abgekochten Garnen konnten mit Sicherheit nicht festgestellt werden.

Es sei festgehalten, daß der bei den ungeschlichteten Garnen gefundene Wert der Garnverluste nach dem Weben und Bleichen von 56,4 % (Gewebe 1) sich gut deckt mit unserer diesbezüglichen Feststellung bei den generellen Untersuchungen über die Ausnützung der (ungeschlichteten)

Forschungsberichte des Wirtschafts- und Verkehrsministeriums Nordrhein-Westfalen

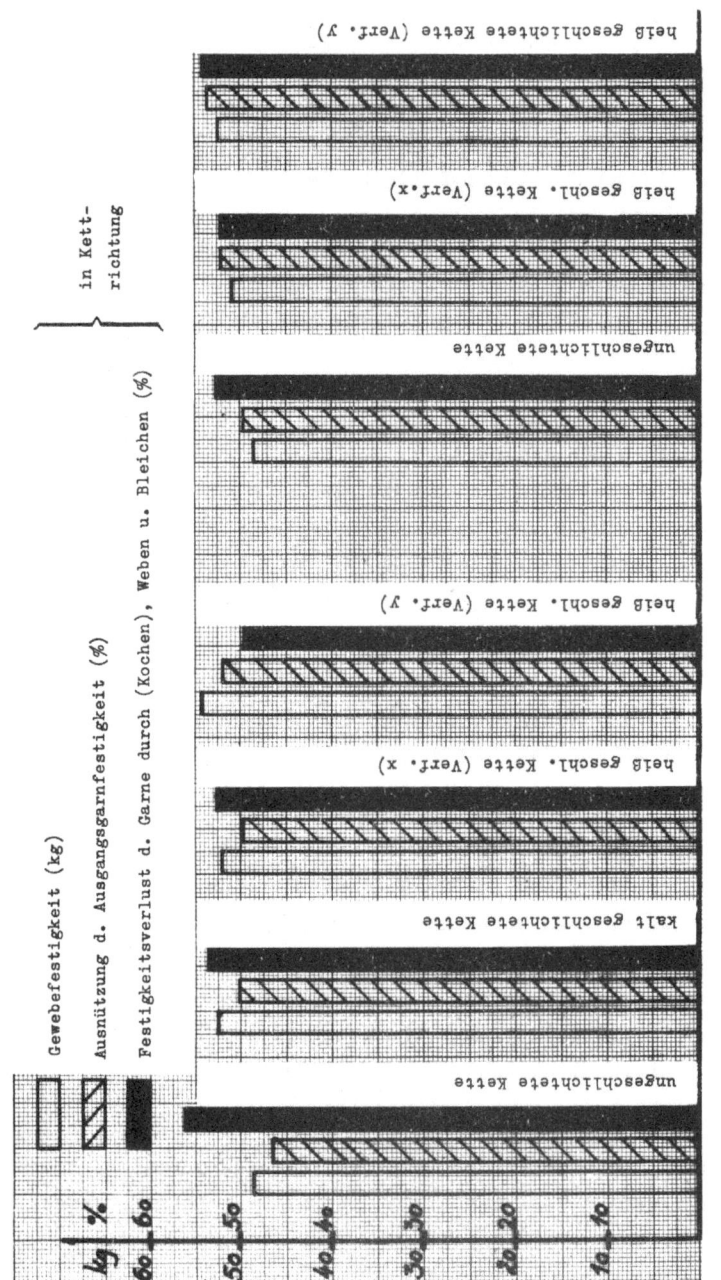

Abb. 253  Schlichten von Leinengarnketten

Leinengarne (55%). Ebenso stimmt der festgestellte Ausnutzungsfaktor der
Ausgangsfestigkeit von 46,6 % in gleicher Weise mit dem diesbezüglichen
bei der vorgenannten Untersuchung gefundenen Wert für eine schwache Kettqualität vorzüglich überein (47,5 %). Dieses sei betont, denn derartige
Übereinstimmungen ergeben eine Bestätigung für die Zuverlässigkeit bzw.
eine befriedigende Allgemeingültigkeit der Untersuchungen, eine Bestätigung, die angesichts der vielen Fehlerquellen und Versuchszufälligkeiten von besonderem Wert ist.

Abb. 253 gibt graphisch die Werte aus den Spalten 3,5 und 8 der Tabelle 7,
nämlich die Gewebefestigkeit bezogen auf 1oo Fäden in kg, die prozentuale
Ausnutzung der Ausgangsgarnfestigkeit und schließlich die Garnfestigkeitsverluste durch das Kochen - nur bei den abgekochten Garnen -, Weben und
Bleichen in Prozent der Rohgarnfestigkeit wieder. Die bereits beschriebene Tendenz ist recht deutlich, und es ergibt sich ein anschauliches
Bild von dem Maß der Verbesserung der Gewebeeigenschaften, das durch
das Schlichten zu erreichen ist.

Die voran gegangenen Betrachtungen galten ausschließlich den Gewebeeigenschaften und der Garnausnützung in der Kettrichtung. Es bleibt nun,
die interessierenden Erscheinungen auch in Schußrichtung zu betrachten.
Dies soll nicht in der gleichen Ausführlichkeit geschehen, wie bei der
Beschreibung der Kette. Ein anderer, als indirekter Einfluß des Schlichtens auf das Verhalten des Schusses ist nicht zu erwarten. Auch dieser
ist um so schwieriger festzustellen, als bei einer gleichen Zahl von
Reißungen eine wesentlich größere Streuung der Ergebnisse auftritt, als
bei der Prüfung der Gewebe in Kettrichtung. Während in Kettprobestreifen
Fäden aus jeweils verschiedenen Strähnen der verwendeten Garnpartie ne-
beneinanderliegen, werden im Schußprobestreifen immer nur die Fäden der
gleichen Schußspule oder von zwei Schußspulen und damit aus bestenfalls
zwei verschiedenen Strähnen erfaßt. Es wäre daher, um auf Ergebnisse mit
der gleichen Streuung der Mittelwerte zu kommen, in Schußrichtung eine
weit größere Zahl von Prüfungen aus verschiedenen Stellen des Gewebes er-
forderlich gewesen, als dies in Kettrichtung der Fall gewesen ist.

Um somit durch eine ins Einzelne gehende Wiedergabe der Werte in den
verschiedenen Behandlungsstufen der Gewebe das eigentliche Versuchs-

ergebnis nicht unnötig zu verwirren, seien in Tabelle 8 lediglich die
Prüfungsergebnisse der gebleichten Gewebe in Schußrichtung wiedergegeben. [1)]

Tab. 8 ist analog der Tab. 7 aufgebaut. Es bedarf deshalb keiner weiteren
Erläuterung ihres Inhaltes.

Spalte 3 zeigt die Gewebefestigkeit bezogen auf 1oo Fäden. Ein Zusammenhang der Gewebefestigkeit mit den durchgeführten Versuchen ist schwer
feststellbar, wobei es allerdings gut ist, sich daran zu erinnern, daß
es sich in allen Versuchsfällen um das _gleiche_, keineswegs unterschiedlich behandelte Schußgarn gehandelt hat und somit alle Unterschiede durch
das Schlichten nur sehr indirekt herbeigeführt sein können, etwa auf dem
Wege einer größeren oder geringeren Exaktheit der Geweheherstellung. Die
erwartete große Streuung überdeckt dabei offenbar diese ursächlich be-
dingten, kaum wesentlichen Differenzen der Festigkeit.

Interessanter ist der Vergleich der Tabellen 7 und 8 hinsichtlich allgemein technologischer Verhältnisse in Kett- und Schußrichtung. Es ist
wiederum festzustellen, daß bei gleichem Garn das Gewebe in Schußrichtung
mehr Festigkeit zeigt als in Kettrichtung. Wie wir bereits bei unseren
früheren Arbeiten erstmalig aufzeigen konnten, ist die Beanspruchung des
Schußfadens bei der Verarbeitung geringer als die der Kettfäden und verursacht dementsprechend geringere Festigkeitsverluste. Dieses wird an-
schaulich wiedergegeben durch den Vergleich der Spalten 5 und 7 bzw. 8
der beiden Tabellen. Die Ausnützung der Garnausgangsfestigkeit liegt in
Schußrichtung deutlich höher, der Festigkeitsverlust der Garne ebenso
deutlich tiefer als bei den Kettgarnen.

Die gefundenen Werte der _Gewebedehnung_ seien nur gestreift. Tabelle 9
enthält sie für die Gewebe im rohen, entschlichteten und gebleichten
Zustand in Kett- und Schußrichtung. Eine besondere Tendenz im Zusammen-

---

[1)] Natürlich sind die Prüfungen in Schußrichtung ohne vorstehend gemach-
te Beschränkung durchgeführt und ausgewertet worden. So wesentlich
sie auch sind, tragen sie zum Problem der Schlichtebeurteilung nicht
unmittelbar bei.

Forschungsberichte des Wirtschafts- und Verkehrsministeriums Nordrhein-Westfalen

Tabelle 8: Gebleichte Gewebe: Festigkeit in Schußrichtung

| Versuchs-Nr. | | 1 | 3 | 4 | 5 | 6 | 7 | 8 |
|---|---|---|---|---|---|---|---|---|
| Kette | | ungeschl. | kalt geschl. | roh heiß geschlichtet | heiß geschlichtet | abgekocht ungeschl. | abgekocht heiß geschlichtet | heiß geschlichtet |
| 1. Gewebefestigkeit | kg | 65,7 | 60,0 | 65,9 | 61,7 | 58,2 | 62,4 | 63,3 |
| 2. Anzahl Fäden im Streifen | | 107 | 106 | 105 | 107 | 108 | 106 | 106 |
| 3. Gewebefestigkeit bezog. auf 100 Fäden | kg | 61,5 | 56,6 | 62,8 | 57,7 | 53,9 | 58,9 | 59,8 |
| 4. Summe d.Festigk.v. 100 Fd.(Ausgangsfestigkeit) | kg | 104,6 | 104,6 | 104,6 | 104,6 | 97,8 | 97,8 | 97,8 |
| 5. Ausnützung der Ausgangsgarnfestigkeit | % | 58,8 | 54,2 | 60,1 | 55,2 | 55,1 | 60,2 | 61,1 |
| 6. Summe der Festigkeit v. 100 Fd. im Gewebe | kg | 54,2 | 51,5 | 58,6 | 54,5 | 48,4 | 54,8 | 55,1 |
| 7. Festigkeitsverl.d.Garne bez.auf Ausgangsfestigk. | % | 48,2 | 50,8 | 44,0 | 47,8 | 50,5 | 44,0 | 43,7 |
| 8. Festigkeitsverl. d.Garne bez. auf Ausgangsfestigk. der Rohgarne | % | 48,2 | 50,8 | 44,0 | 47,8 | 53,7 | 47,6 | 47,3 |

Tabelle 9

| Versuchs-Nr. | 1 | 3 | 4 | 5 | 6 | 7 | 8 |
|---|---|---|---|---|---|---|---|
| Kette | ungeschl. | roh | | | abgekocht | | |
| | | kalt geschl. | heiß geschlichtet | heiß geschlichtet | ungeschl. | heiß geschlichtet | heiß geschlichtet |
| Rohgewebe Dehnung Kette % | 22,2 | 19,4 | 22,0 | 18,3 | 16,9 | 15,4 | 17,3 |
| Dehnung Schuß % | 5,5 | 5,2 | 5,1 | 5,3 | 5,9 | 6,6 | 6,2 |
| Entschl. Gewebe Dehnung Kette % | 16,6 | 16,5 | 14,0 | 21,4 | 18,9 | 12,7 | 16,0 |
| Dehnung Schuß % | 13,7 | 13,3 | 12,7 | 13,0 | 9,6 | 11,3 | 12,7 |
| Gebl. Gewebe Dehnung Kette % | 12,2 | 11,7 | 11,3 | 11,6 | 11,0 | 11,6 | 11,7 |
| Dehnung Schuß % | 13,7 | 14,1 | 13,7 | 13,3 | 13,5 | 13,3 | 14,2 |

hang mit dem zur Erörterung stehenden Problem des Schlichtens der Leinenketten ist nicht erkennbar. Die Kettdehnung ist im Rohgewebe in einem gewissen Grad auch bei dem entschlichteten Gewebe in bekannter Weise höher als die Schußdehnung. Im gebleichten Zustand haben sich alle Werte ausgeglichen. Die Dehnung in Schußrichtung erscheint etwas höher als in Kettrichtung. Unterschiede zwischen den Geweben aus den einzelnen Versuchen sind nicht vorhanden (rd. 11,6 % für Kette, rd. 13,7 % für Schuß).

Zum Schluß dieser Ausführungen über die Festigkeits- und Dehnungseigenschaften der Versuchsgarne und -gewebe sei noch wiederholt, daß die Prüfungen unter Beachtung der Vorschriften DIN 53801 durchgeführt worden sind, d.h., daß die Garne auf den Reißapparaten mit 500 mm, die Gewebe mit 300 mm Einspannlänge geprüft wurden. Zudem sind auch die Reißgeschwindigkeiten für die Garn- und Gewebeproben verschieden. In dieser Hinsicht sind sämtliche Werte der prozentualen Ausnutzung, wie sie in den Ausführungen gebracht wurden, in einem gewissen Grade eines Korrekturfaktors bedürftig. Es war uns aber zweckmäßiger erschienen, diese Unexaktheit in Kauf zu nehmen, statt uns durch eine Angleichung der Einspannlängen etc. von den in der Praxis üblichen Methoden zu entfernen.

Sämtliche Gewebe wurden im gebleichten Zustande auf ihre Oberflächenbeschaffenheit hinsichtlich Glätte, bzw. Flusigkeit und Rauhigkeit geprüft. Die dabei feststellbaren Unterschiede waren gering und ohne eine mit dem Versuch zusammenhängende Tendenz.

## Zusammenfassung

Um einen Beitrag zur Beurteilung der technischen und wirtschaftlichen Zweckmäßigkeit des Schlichtens von Leinengarnketten zu schaffen, wurden Webversuche mit rohen und abgekochten Kettgarnen durchgeführt, und die sich dabei ergebenden Verarbeitungswirkungsgrade sowie Gewebe- und Garneigenschaften untersucht. Es wurde mit ungeschlichteten und mit nach verschiedenen Verfahren geschlichteten Ketten gearbeitet.

Der vorliegende Bericht befaßt sich eingehend mit den Ergebnissen der Untersuchungen, die wie folgt zusammengefaßt werden können.

Geeignete Schlichtverfahren verbesserten den Verarbeitungswirkungsgrad von Leinengarnrohketten. Zweckentsprechende Maßnahmen vermochten aber die Unterschiede in einem gewissen Grade auszugleichen. Vorteile des Schlichtens bei der Verarbeitung von abgekochten Garnen ergaben sich entgegen der diesbezüglich herrschenden Ansicht nicht.

Die Qualität der erzeugten Gewebe wurde durch das Schlichten gehoben. Die Schlichte gibt dem Faden bei dem Verweben einen gewissen Schutz vor Festigkeitsverlusten, dementsprechend ist die Ausnutzung der Fadenfestigkeit im Gewebe eine bessere.

Der Verarbeitungswirkungsgrad der abgekochten Garne lag deutlich höher als der von Rohgarnen. Qualitativ waren ausgeprägte Unterschiede nicht festzustellen. Ein geringer Nachteil zu Ungunsten der abgekochten Ketten kann unter Umständen durch das Versuchsverfahren bedingt sein.

Äußere Unterschiede zwischen den Versuchsgeweben waren nach der Bleiche nicht festzustellen.


Sachbearbeiter:

Text.-Ing. H. Griese

Bielefeld, den 6.11.1950              gez. Dipl.-Ing. W. Rohs

Forschungsberichte
des Wirtschafts- und Verkehrsministeriums
Nordrhein-Westfalen

Herausgegeben von Ministerialdirektor Dipl.-Ing. L. Brandt

Bisher sind erschienen:

Heft 1: Prof.Dr.-Ing.habil. Eugen Flegler, Aachen
Untersuchungen oxydischer Ferromagnet-Werkstoffe

Heft 2: Prof.Dr.phil. Walter Fuchs, Aachen
Untersuchungen über absatzfreie Teeröle

Heft 3: Technisch-Wissenschaftliches Büro für die
Bastfaser-Industrie, Bielefeld
Untersuchungsarbeiten zur Verbesserung des Leinenwebstuhls

Heft 4: Prof.Dr. E.A. Müller und Dipl.-Ing. H. Spitzer, Dortmund
Untersuchungen über die Hitzebelastung in Hüttenbetrieben

Heft 5: Dipl.-Ing. Werner Fister, Aachen
Prüfstand der Turbinenuntersuchungen

Heft 6: Prof.Dr.phil. Walter Fuchs, Aachen
Untersuchungen über die Zusammensetzung und Verwendbarkeit
von Schwelteerfraktionen

Heft 7: Prof.Dr.phil. Walter Fuchs, Aachen
Untersuchungen über emsländisches Petrolatum

Heft 8: Maria Elisabeth Meffert und Heinz Stratmann
Algen-Grosskulturen im Sommer 1951

Heft 9: Technisch-Wissenschaftliches Büro für die Bastfaserindustrie, Bielefeld

Untersuchungen über die zweckmässige Wicklungsart von Leinengarnkreuzspulen unter Berücksichtigung der Anwendung hoher Geschwindigkeiten des Garnes

Vorversuche für Zetteln und Schären von Leinengarnen auf Hochleistungsmaschinen

In Vorbereitung

Heft 1o: Prof.Dr. Wilhelm Vogel, Köln-Nippes

"Das Streifenpaar" als neues System zur mechanischen Vergrösserung kleiner Verschiebungen und seine technischen Anwendungsmöglichkeiten

Heft 11: Laboratorium für Werkzeugmaschinen und Betriebslehre Technische Hochschule Aachen

1.) Untersuchungen über Metallbearbeitung im Fräsvorgang mit Hartmetallwerkzeugen und negativem Spanwinkel

2.) Weiterentwicklung des Schleifverfahrens für die Herstellung von Präzisionswerkstücken unter Vermeidung hoher Temperaturen

3.) Untersuchung von Oberflächenveredlungsverfahren zur Steigerung der Belastbarkeit hochbeanspruchter Bauteile.

Heft 12: Elektro-Wärmeinstitut, Langenberg/Rhld.

Erwärmung von Netzfrequenz

Heft 13: Techn.-Wissenschaftl. Büro für die Bastfaserindustrie, Bielefeld

Das Naßspinnen von Bastfasergarnen mit chemischen Zusätzen zum Spinnbad

Heft 14: Forschungsstelle für Acetylen, Dortmund

Untersuchungen über Aceton als Lösungsmittel für Acetylen

Heft 15: Wäschereiforschung Krefeld

Trocknen von Wäschestoffen

Heft 16: Max Planck-Institut für Kohleforschung, Mülheim/Ruhr

Arbeiten des MPI für Kohleforschung

Heft 17: Ingenieurbüro Herbert Stein, M-Gladbach

Untersuchungen der Verzugsvorgänge in den Streckwerken verschiedener Spinnereimaschinen

Heft 18: Wäschereiforschung Krefeld

Grundlagen zur Erfassung der chemischen Schädigung beim Waschen

Heft 19: Techn.-Wissenschaftl. Büro für die Bastfaserindustrie, Bielefeld

Die Auswirkung des Schlichtens von Leinengarnketten auf den Verarbeitungswirkungsgrad, sowie die Festigkeits- und Dehnungsverhältnisse der Garne und Gewebe

Heft 2o: Techn.-Wissenschaftl. Büro für die Bastfaserindustrie, Bielefeld

Trocknung von Leinengarnen I
Vorgang und Einwirkung auf die Garnqualität

Heft 21: Techn.-Wissenschaftl. Büro für die Bastfaserindustrie Bielefeld

Trocknung von Leinengarnen II
Spulenanordnung und Luftführung beim Trocknen von Kreuzspulen

Veröffentlichungen

der Arbeitsgemeinschaft für Forschung

des Landes Nordrhein-Westfalen

Heft 1:

Prof.Dr.-Ing. Friedrich Seewald, Technische Hochschule Aachen
  Neue Entwicklungen auf dem Gebiete der Antriebsmaschinen
Prof.Dr.-Ing. Friedrich A.F. Schmidt, Technische Hochschule Aachen
  Technischer Stand und Zukunftsaussichten der Verbrennungs-
  maschinen, insbesondere der Gasturbinen
Dr.-Ing. R. Friedrich, Siemens-Schuckert-Werke A.-G., Mülheimer Werk
  Möglichkeiten und Voraussetzungen der industriellen Verwertung
  der Gasturbine
        52 Seiten, 15 Abbildungen, kartoniert DM 4,25

Heft 2:

Prof.Dr.-Ing. Wolfgang Rietzler, Universität Bonn
  Probleme der Kernphysik
Prof.Dr.phil. Fritz Micheel, Universität Münster
  Isotope als Forschungsmittel in der Chemie und Biochemie
        4o Seiten, 1o Abbildungen, kartoniert DM 3,2o

Heft 3:

Prof.Dr.med. Emil Lehnartz, Universität Münster
  Der Chemismus der Muskelmaschine
Prof.Dr.med. Gunther Lehmann, Direktor des Max-Planck-Institutes
  für Arbeitsphysiologie, Dortmund
  Physiologische Forschung als Voraussetzung der Bestgestaltung
  der menschlichen Arbeit
Prof.Dr. Heinrich Kraut, Max-Planck-Institut für Arbeitsphysiologie,
  Dortmund
  Ernährung und Leistungsfähigkeit
        6o Seiten, 35 Abbildungen, kartoniert DM 5,--

Heft 4:
Prof.Dr. Franz Wever, Max-Planck-Institut für Eisenforschung, Düsseldorf
  Aufgaben der Eisenforschung
Prof.Dr.-Ing. Hermann Schenck, Technische Hochschule Aachen
  Entwicklungslinien des deutschen Eisenhüttenwesens
Prof.Dr.-Ing. Max Haas, Technische Hochschule Aachen
  Wirtschaftliche Bedeutung der Leichtmetalle und ihre
  Entwicklungsmöglichkeiten
    6o Seiten, 2o Abbildungen, kartoniert DM 6,--

Heft 5:
Prof.Dr.med. Walter Kikuth, Medizinische Akademie Düsseldorf
  Virusforschung
Prof.Dr. Rolf Daneel, Universität Bonn
  Fortschritte der Krebsforschung
Prof.Dr.med., Dr.phil. W. Schulemann, Universität Bonn
  Wirtschaftliche und organisatorische Gesichtspunkte für
  die Verbesserung unserer Hochschulforschung
    5o Seiten, 2 Abbildungen, kartoniert DM 4,--

Heft 6:
Prof.Dr. Walter Weizel, Institut für theoretische Physik, Bonn
  Die gegenwärtige Situation der Grundlagenforschung in der Physik
Prof.Dr. Siegfried Strugger, Universität Münster
  Das Duplikantenproblem in der Biologie
Direktor Dr. Fritz Gummert, Ruhrgas A.-G., Essen
  Überlegungen zu den Faktoren Raum und Zeit im biologischen
  Geschehen und Möglichkeiten einer Nutzanwendung
    64 Seiten, 2o Abbildungen, kartoniert DM 4,--

Heft 7:
Prof.Dr.-Ing. August Götte, Technische Hochschule Aachen
  Steinkohle als Rohstoff und Energiequelle
Prof.Dr.e.h. Karl Ziegler, Max-Planck-Institut für Kohleforschung
  Mülheim/Ruhr
  Über Arbeiten des Max-Planck-Institute für Kohleforschung

Heft 8:
Prof.Dr.-Ing. Wilhelm Fucks, Technische Hochschule Aachen
    Die Naturwissenschaften, die Technik und der Mensch
Prof.Dr.sc.pol. Walther Hoffmann, Universität Münster
    Wissenschaftliche und soziologische Probleme des technischen Fortschritts
        84 Seiten, 12 Abbildungen, kartoniert DM 6,5o

Heft 9:
Prof.Dr.-Ing. Franz Bollenrath, Technische Hochschule Aachen
    Zur Entwicklung warmfester Werkstoffe
Dr. Heinrich Kaiser, Staatl.Materialprüfamt Dortmund
    Stand spektralanalytischer Prüfverfahren und Folgerung für deutsche Verhältnisse

Heft 1o:
Prof.Dr. Hans Braun, Universität Bonn
    Möglichkeiten und Grenzen der Resistenzzüchtung
Prof.Dr.-Ing. Karl Heinrich Dencker, Universität Bonn
    Der Weg der Landwirtschaft von der Energieautarkie zur Fremdenergie
        74 Seiten, 23 Abbildungen, kartoniert DM 6,8o

Heft 11:
Prof.Dr.-Ing. Herwart Opitz, Technische Hochschule Aachen
    Entwicklungslinien der Fertigungstechnik in der Metallbearbeitung
Prof.Dr.-Ing. Karl Krekeler, Technische Hochschule Aachen
    Stand und Aussichten der schweisstechnischen Fertigungsverfahren

Heft 12:
Dr. Hermann Rathert, Mitglied des Vorstandes der Vereinigten
    Glanzstoff-Fabriken A.-G., Wuppertal-Elberfeld
    Entwicklung auf dem Gebiet der Chemiefaser-Herstellung
Prof.Dr. Wilhelm Weltzien, Direktor der Textilforschungsanstalt
    Krefeld
    Rohstoff und Veredlung in der Textilwirtschaft
        84 Seiten, 29 Abbildungen, kartoniert DM 7,--

Heft 13:

Dr.-Ing.e.h. Karl Herz, Chefingenieur im Bundesministerium für das Post und Fernmeldewesen Frankfurt/Main
  Die technischen Entwicklungstendenzen im elektrischen Nachrichtenwesen
Ministerialdirektor Dipl.-Ing. Leo Brandt, Düsseldorf
  Navigation und Luftsicherung

Heft 14:

Prof.Dr. Burkhardt Helferich, Universität Bonn
  Stand der Enzymchemie und ihre Bedeutung
Prof.Dr.med. Hugo Knipping, Direktor der Universitätsklinik Köln
  Ausschnitt aus der klinischen Carcinomforschung am Beispiel des Lungenkrebses
        72 Seiten, 12 Abbildungen, kartoniert DM 6,25

Heft 15:

Prof.Dr. Abraham Esau, Technische Hochschule Aachen
  Die Bedeutung von Wellenimpulsverfahren in Technik und Natur
Prof.Dr.-Ing. Eugen Flegler, Technische Hochschule Aachen
  Die ferromagnetischen Werkstoffe in der Elektrotechnik und ihre neueste Entwicklung

Heft 16:

Prof.Dr.rer.pol. Rudolf Seyffert, Universität Köln
  Die Problematik der Distribution
Prof.Dr.rer.pol. Theodor Beste, Universität Köln
  Der Leistungslohn
        7o Seiten, 1 Abbildung, kartoniert DM 4,5o

Heft 17:

Prof.Dr.-Ing. Friedrich Seewald, Technische Hochschule Aachen
  Luftfahrtforschung in Deutschland und ihre Bedeutung für die allgemeine Technik
Prof.Dr.-Ing. Edouard Houdremont, Essen
  Art und Organisation der Forschung in einem Industrieforschungsinstitut der Eisenindustrie

Weitere Hefte sind in Vorbereitung

WESTDEUTSCHER VERLAG
KÖLN und OPLADEN

MIX
Papier aus verantwortungsvollen Quellen
Paper from responsible sources
FSC® C105338

If you have any concerns about our products,
you can contact us on
**ProductSafety@springernature.com**

In case Publisher is established outside the EU,
the EU authorized representative is:
**Springer Nature Customer Service Center GmbH
Europaplatz 3, 69115 Heidelberg, Germany**

Printed by Libri Plureos GmbH
in Hamburg, Germany